Von Oberstudienrätin Hanna Lipp-Thoben, Kassel
und Studienrätin Petra Jany, Göttingen
2., durchgesehene und erweiterte Auflage

Inhaltsverzeichnis

	Seite
Ägypten/Zweistromland	1
Griechen	5
Römer	7
Germanen	9
Romanik/Gotik	11
Renaissance	15
Barock	17
Rokoko	19
Renaissance/Barock/Rokoko	21
Directoire/Empire	23
Biedermeier	25
Zweites Empire	27
Gründerjahre	29
20. Jahrhundert, Jugendstil	31
Allgemeine epochenübergreifende Aufgaben	33

Die Deutsche Bibliothek – CIP-Einheitsaufnahme

Lipp-Thoben, Hanna:
Arbeitsblätter für Friseure / Lipp-Thoben; Jany. – Stuttgart:
Teubner
3. Stilkunde und Frisurengeschichte
Schülerausg. – 2., durchges. und erw. Aufl. – 1992
Lehrerausg. – 2., durchges. und erw. Aufl. – 1992
ISBN 978-3-519-15707-6   ISBN 978-3-663-05831-1 (eBook)
DOI 10.1007/978-3-663-05831-1

Das Werk, einschließlich aller seiner Teile, ist urheberrechtlich geschützt.
Jede Verwertung in anderen als den gesetzlich zugelassenen Fällen bedarf
deshalb der vorherigen schriftlichen Einwilligung des Verlages.
© Springer Fachmedien Wiesbaden 1992.
Ursprünglich erschienen bei B. G. Teubner Stuttgart 1992.
Gesamtherstellung: Passavia Druckerei GmbH Passau
Umschlaggestaltung: Peter Pfitz, Stuttgart

12 Stilkunde und Frisurengeschichte

12.1.1/12.1.2

Name: _____ Klasse: _____ Datum: _____

Ägypten (etwa 2800 bis 700 v. Chr.)

① Erklären Sie folgende Begriffe aus der ägyptischen Kultur.

a) Kalasiris _____

b) Pyramide _____

c) Pharao _____

d) Lendenschurz _____

e) Klaft _____

f) Fellachen _____

g) Hieroglyphen _____

② a) Welche Staaten und Inseln überfliegen Sie auf dem direkten Weg von Frankfurt/Main nach Ägypten?
_____

b) Wieviel Jahre liegen die Anfänge der ägyptischen Kultur zurück? _____

③ In Aufgabe 2b haben Sie festgestellt, daß der Beginn der ägyptischen Kultur lange zurückliegt. Trotzdem haben wir viele Kenntnisse über die Ägypter. Woher haben die Forscher ihr Wissen?
_____
_____

④ Wie heißt die abgebildete Schrift? _____

⑤ Zeichnen Sie hier das typische Make-up und die Frisur einer Ägypterin ein.

⑥ Sie sehen unten die Totenmaske von Tut-Ench-Amun abgebildet. Woran erkennt man, daß es sich um eine Königsmaske handelt?
_____

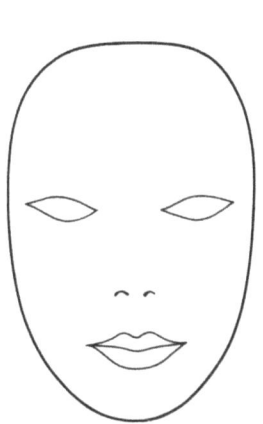

⑦ In welcher Arbeitstechnik wurden Wollperücken hergestellt?
___

⑧ a) Beschreiben Sie die Schönheitspflege einer vornehmen Ägypterin.
___
___
___
___
___

b) Warum war den Ägyptern die Körperpflege so wichtig?
___
___
___

⑨ Unsere Abbildung zeigt eine Grabmalerei. Es handelt sich um das Bild des Verstorbenen, der mit seiner Frau am Tisch mit den Opfergaben sitzt. Er atmet den Duft einer Lotosblüte ein, ein Symbol für die Wiedergeburt.

a) Welche Dinge wurden den Toten in die Grabkammer mitgegeben?
___
___

b) Erklären Sie das "Hütchen" auf den Köpfen des Ehepaars.
___
___
___

c) Für die ganz Kreativen eine Zusatzaufgabe: Worüber unterhalten sich die beiden? Formulieren Sie einen Dialog!
___
___
___
___
___

12 Stilkunde und Frisurengeschichte

Name: Klasse: Datum:

Ägypten / Zweistromland

① An welchem "modischen" Merkmal können Sie ägyptische Männer und Männer aus dem Zweistromland unterscheiden?

___

② Warum ist über die Frauen aus dem Zweistromland wenig bekannt?

___

③ Sie sehen einen Ausschnitt aus der Wandmalerei in einer ägyptischen Grabkammer.

a) Woran erkennt man, daß die auf der rechten Seite dargestellten Personen keine Ägypter sind?

___

b) Warum wirkt die Körperhaltung der links abgebildeten Personen so fremd?

___

④ Nehmen Sie einen Atlas zur Hilfe und tragen Sie heutige Grenzen und 12 Ländernamen in die Karte Ägyptens und des Zweistromlands ein.

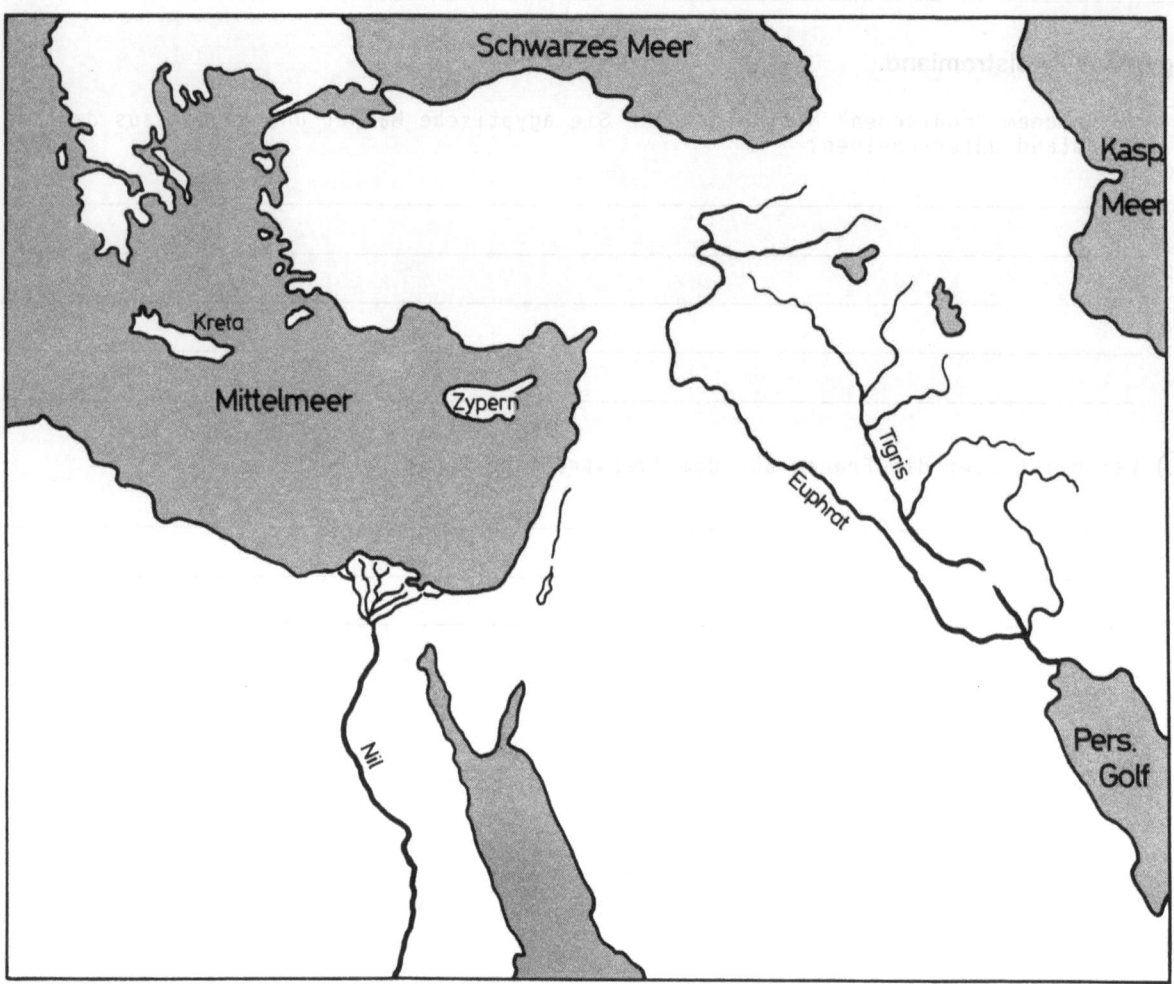

12 Stilkunde und Frisurengeschichte

Name: _____   Klasse: _____   Datum: _____

Griechen (etwa 1500 bis 150 v. Chr.)

① Die griechische Kultur hat die europäische so grundlegend beeinflußt, daß Sie auch einige allgemeinbildende Kenntnisse aus der griechischen Antike haben sollten.

a) Who is who (Wer war's)? Sie dürfen ein Lexikon benutzen.

Zeus	_____	Perikles	_____
Euklid	_____	Homer	_____
Pythagoras	_____	Hippokrates	_____
Sokrates	_____	Aeschylos	_____

b) Klären Sie diese Begriffe:

- Polis _____
- Akropolis _____
- Mäander _____
- Hetäre _____
- Amphore _____
- Vollbürger _____

② Welche der Aussagen zur Staatsform treffen auf die griechische Antike zu? Kreuzen Sie an.

☐ a) Die Griechen wurden von einem Kaiser regiert (Monarchie).

☐ b) Männer und Frauen wählten Volksvertreter, so daß eine demokratische Regierung entstand.

☐ c) Die Stadtstaaten hatten eine Volksversammlung, an der nur Vollbürger teilnehmen konnten. Frauen, Nichtbürger und Sklaven waren nicht stimmberechtigt.

☐ d) Ein Kaiser regierte zusammen mit dem Adel das Volk.

③ Kennzeichnend für das antike griechische Lebensideal (Harmonie und Schönheit) ist der Spruch: "In einem gesunden Körper wohnt ein gesunder Geist!" Mit welchen Maßnahmen und Mitteln strebten die vornehmen Griechen dieses Ideal an?

_____
_____

④ Mit welchem "Werkzeug" lockten die Sklavinnen das Haar ihrer Herrin?

_____

⑤ Obwohl bei den "Städtischen Jünglingen" langes, gelocktes Haar modern war, trugen die Sportler und Soldaten kurze Locken. Warum?

_____
_____
_____

⑥ Beschreiben Sie die Kleidung der Griechen.

_____
_____
_____

© B.G. Teubner Stuttgart 1992

⑦ Zeichnen Sie typische Frisuren der Griechinnen.

a) archaische Zeit　　　　b) klassische Zeit　　　　c) hellenistische Zeit

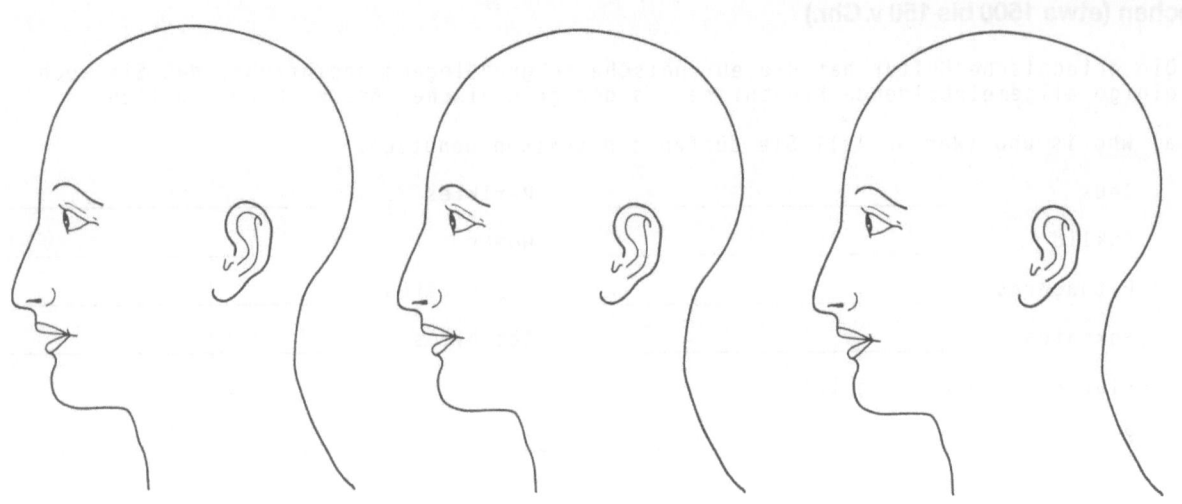

⑧ Rechnen, Schreiben, Lesen, aber auch Lyraspiel, Gesang und Sport gehörten zur Ausbildung eines griechischen Bürgers. Auf der Schale sehen Sie eine solche Unterrichtsszene. Warum muß die unten abgebildete Gestalt ein Junge sein?

_____
_____
_____
_____

12 Stilkunde und Frisurengeschichte

Name: Klasse: Datum:

Römer (etwa 500 v. bis 500 n. Chr.)

① Unsere Karte gibt das Römische Reich (Imperium Romanum) zur Zeit der größten Ausdehnung an. Schreiben Sie in die Karte die Namen der heutigen Länder und notieren Sie die europäischen Hauptstädte.

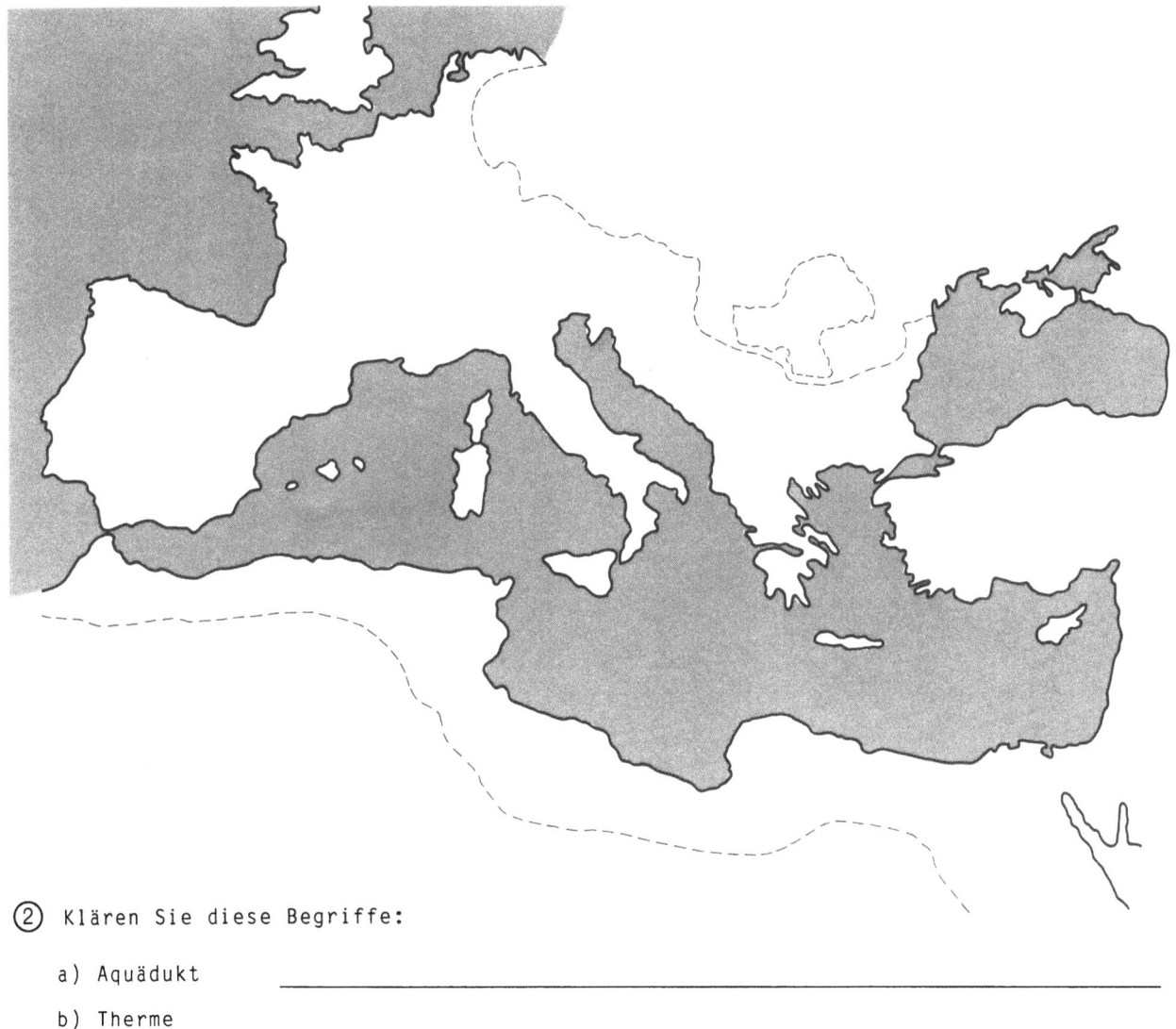

② Klären Sie diese Begriffe:

a) Aquädukt _____
b) Therme _____
c) Basilika _____
d) Forum _____
e) Patrizier _____
f) Plebejer _____
g) Legionär _____
h) Tonsor _____

③ a) Mit welchen Methoden versuchten die Römerinnen ihre dunklen Haare aufzuhellen?
_____

b) Wodurch erleichterten sich die vornehmen Römerinnen den häufigen Wechsel der Frisur und Haarfarbe? _____

© B.G. Teubner Stuttgart 1992

④ a) Beschreiben Sie die römische Diademfrisur.
_____
_____
_____

b) Wie nennt man diese beiden römischen Frisuren?

_____ _____
c) In wieviel Partien muß das Haar ge-   Mit welchem Arbeitsgerät wurde sie
   teilt werden?   geformt?

_____ _____

⑤ a) Eine typische römische Männerfrisur zeigt das Haar
     blattförmig kurz zum Gesicht frisiert. Mit wel-
     chem Arbeitsgerät würden Sie heute einen solchen
     Haarschnitt ausführen?
     _____

  b) Zu welchen Anlässen wurden auch Männer geschminkt?
     _____

⑥ Beschreiben Sie die Kleidung der Römer.

  a) Tunika _____
             _____

  b) Toga   _____
             _____

  c) Palla   _____
             _____

  d) Stola   _____
             _____

⑦ Die Stadt Rom war Weltmeister im Geldausgeben. Denken Sie an den Bau von Straßen,
  Wasserleitungen, Thermen, Palästen und Theatern sowie die kostenlosen Getreidezu-
  teilungen für Plebejer. Woher stammte dieser Reichtum?
  _____
  _____
  _____

12 Stilkunde und Frisurengeschichte

Name: Klasse: Datum:

Germanen (etwa 1500 v. bis 800 n. Chr.)

① Überlegen Sie, warum in Griechenland ein kompliziertes Staatswesen mit eindrucksvoller Hochkultur bestand, während die Germanen zur gleichen Zeit keine vergleichbaren kulturellen Leistungen hervorbrachten.

② Warum zogen die Germanen nach Süden?

③ Beschreiben Sie die Kleidung der Germanen.

   a) Frauen:

   b) Männer:

④ Wodurch unterscheiden sich die Frisuren junger germanischer Mädchen von denen verheirateter Frauen?

⑤ Die Germanen hatten bereits ein "seifenähnliches Produkt" zur Reinigung des Körpers.

   a) Aus welchen Stoffen entstand diese "Seife"?

   b) Woraus wird heute Seife hergestellt?

⑥ Die Germanen lebten in kleinen Siedlungen oder Einzelhöfen in Flußnähe. In den langen rechteckigen Häusern wohnten die Menschen mit den Tieren unter einem Dach. Die Sippen (Großfamilien) waren autark, d.h. wirtschaftlich unabhängig - alle Dinge, die man zum täglichen Leben brauchte, wurden selbst hergestellt. Welche Berufe/Tätigkeiten mußten die Mitglieder der Sippe beherrschen?

Hausbau:

Möbel:

Nahrungsmittel:
(Brot/Gemüse/Milchprodukte/Fleisch)

Koch-/Vorratsgefäße:

Ackerbau/Tierhaltung:

Kleidung/Schuhe:

Waffen/Werkzeug:

© B. G. Teubner Stuttgart 1992

⑦ Die Landkarte zeigt die wichtigsten Länder der Antike und des Alterums.

a) Tragen Sie ein: Nil / Rom / Athen / Limes / Nordsee / Ostsee / Schwarzes Meer / Rotes Meer / Mittelmeer

b) Verbinden Sie durch farbige Linien die Abbildungen und Texte mit den passenden Ländern. Ägypten blau / Griechen grün / Römer rot / Germanen schwarz

Sie benutzten Seife aus Holzasche und Tierfett.

Der Tonsor war ein aus Dank freigelassener Rasiersklave, der eine Barbierstube eröffnete.

Spezialisierte Sklavinnen halfen den Frauen bei der Körperpflege, beim Schminken und der Frisur.

Sklavinnen lockten die Haare ihrer Herrin mit dem Calamistrum.

12 Stilkunde und Frisurengeschichte

Name: Klasse: Datum:

Romanik / Gotik (Mittelalter) (etwa 800 bis 1500)

① Unten finden Sie Aussagen zu den beiden Stilepochen Romanik und Gotik. Leider sind sie durcheinandergeraten! Ordnen Sie den vorgegebenen Kategorien zu.

Rundbogenstil / Man baut Rippen- und Sterngewölbe, die durch Strebebögen und Strebepfeiler gestützt werden / Aus den Kreuzrittern werden Raubritter / Kirchen mit dicken Mauern und kleinen Fenstern dienen als Wehrbauten / Schminke wurde durch Luxusgesetze verboten / Karl der Große / Die Kaufleute schützen sich durch Bündnisse (Hanse/Rheinbund) / Die Kirchtürme erheben sich leicht und fast schwerelos in den Himmel / Standesgesellschaft: Adel/Geistliche-Handwerker und Bauern / 1250 bis 1500 / Der Bader schneidet den Männern die Haare, zieht Zähne und behandelt Wunden / Reichsgründungen / Schmale anliegende Kleider werden modern / Männer und Frauen baden gemeinsam, das Bad wird zum Festgelage / Zeit des aufsteigenden Bürgertums / Rothaarige Frauen werden als Hexen verbrannt / 800 bis 1250 / Öffentliche Badestuben werden an bestimmten Tagen von Männern, an anderen von Frauen aufgesucht / Baderberuf gilt als unehrenhaft

	Romanik	Gotik
Gesellschaft		
Architektur		
Kleidung, Frisur, Kosmetik		
Berufsgeschichte		

② a) Sehen Sie sich die Übersicht an und ordnen Sie das auf dem Ausschneidebogen vorhandene Material ein.
b) Ergänzen Sie leere Felder mit Hilfe des Fachkundebuchs.

Epoche	Frisuren	Kleidung	Berufs-geschichte	Körper-pflege	Architektur	Stilelemente	Literatur/Schrift	Persönlich-keiten	Allgemeines
ANTIKE ÄGYPTER									
Zeit _____									
GRIECHEN							Erste Buch-stabenschrift		Stadtstaaten Demokratie
Zeit _____									
RÖMER									Christenverfolgung
Zeit _____									
GERMANEN						Sonnen-scheibe			
Zeit _____									
MITTELALTER ROMANIK								Karl der Große Heinrich der Löwe	Kreuzzüge
Zeit _____									
GOTIK				Badestuben			Minnesang		Infektions-krankheiten, Pest, Pocken
Zeit _____									

Ausschneidebogen zu Seite 12

Tägliches Bad / Salben und Öle / Schminke					Runenschrift		Brot und Spiele
Lateinisch	Hermann der Cherusker / Wodan	Spezialisierte Sklavinnen		Frauen: Kalasiris, ein hemdartiges Gewand / Männer: Lendenschurz		Heldenlieder, z.B. Hildebrandslied, Mittelhochdeutsch	Die Seele lebt nach dem Tod weiter und kehrt in den Körper zurück
	Zeus / Homer / Pythagoras			Griechisch	Bader zieht Zähne, behandelt Wunden, Aderlaß, schneidet Haare und Bart	Textura	Rothaarige wurden als Hexen verbrannt
	Tägliches Bad / Herstellung von Seife	Thermen / aufwendige Körperpflege / Schwitzbäder				Tutenchamun / Nofretete / Ramses	Ora et labora (Bete und arbeite) / Die Menschen glaubten, die Erde sei eine Scheibe
Tonsor / Kosmeten	Bader wird unehrenhaft / neuer Beruf: Barbier	Menschen frisieren sich selbst	Cäsar / Cicero / Nero		Gymnastik / Massagen / Salben / Öle / Schminke		In einem gesunden Körper wohnt ein gesunder Geist
erste Rundbögen in Gebäuden		Albrecht Dürer, Walther von der Vogelweide		kosmetische Mittel durch Luxusgesetze verboten			Langes, offenes Haar als Zeichen der Freiheit

12 Stilkunde und Frisurengeschichte

Name: _____ Klasse: _____ Datum: _____

Renaissance (1500 bis 1600)

① Was bedeutet das Wort "Renaissance" in der Übersetzung?
_____

② Schreiben Sie hinter diese Aussagen, ob sie auf das Mittelalter oder die Renaissance zutreffen.

a) Blonde und rote Haarfarben kommen in Mode. _____
b) Die typische Männerfrisur ist die Kolbe. _____
c) Der Barbier übernimmt die Aufgaben des Baders. _____
d) Die Kleidung wird aus kostbaren Stoffen hergestellt. _____
e) Zeit der Reichsgründungen. _____
f) Die Bürger bauen stolze Wohn- und Rathäuser. _____
g) Die Frauen verstecken ihr Haar unter Hauben. _____

③ Who is who? Klären Sie mit Hilfe Ihres Fachkundebuchs und eines Lexikons, weshalb folgende Personen berühmt wurden.

a) Nikolaus Kopernikus _____
b) Martin Luther _____
c) Johannes Gutenberg _____
d) Christoph Columbus _____
e) Galileo Galilei _____
f) Leonardo da Vinci _____
g) Albrecht Dürer _____

④ Beschreiben Sie die spanische Mode (typische Stilelemente, Farben, Formen).

Frauen: _____
_____
_____

Männer: _____
_____
_____

⑤ Entwerfen Sie eine Frauenfrisur aus der Renaissance. Berücksichtigen Sie typische Schmuckelemente dieser Zeit. Bitte benutzen Sie dazu ein Extrablatt.

⑥ a) Warum verzichteten die Bürger auf den wöchentlichen Besuch beim Bader?
_____
_____

b) Was ist ein Flohpelz? Welche Aufgaben hatte er?
_____
_____

⑦ a) Aus welchen Stoffen wurden die Kleider hergestellt?

b) Durch welche Einzelheiten wirkt die Kleidung kostbar?

⑧ Woher kennen Sie diese Personen?

⑨ Betrachten Sie die Abbildung des Leipziger Rathauses. Prägen Sie sich die typischen Renaissanceelemente ein und suchen Sie selbst ein Beispiel, das Sie hier einkleben.

12 Stilkunde und Frisurengeschichte

Name: _____ Klasse: _____ Datum: _____

Barock (1600 bis 1720)

① Betrachten Sie die fünf Abbildungen. Welche beiden Bauwerke sind dem Barockstil zuzuordnen? _____

Zusatzfrage für Kenner: Aus welchen Epochen stammen die anderen drei Gebäude?

a) _____   b) _____   c) _____

d) _____   e) _____

② Notieren Sie berühmte Persönlichkeiten (Maler, Komponisten, Dichter) des Barocks.
_____
_____

③ Die stärksten Einflüsse gingen vom Hof des französischen Königs Ludwig XIV. aus. Der prunkvolle, überladene Baustil wurde ebenso kopiert wie das verschwenderische Hofleben.

  a) Wer finanzierte das kostspielige Leben am Hof der Könige? _____

  b) Was versteht man unter Absolutismus? _____

④ a) Beschreiben Sie eine Allongeperücke.
_____
_____

  b) Wer trägt heute noch solche Perücken?
_____

⑤ a) Wie heißen die typischen Frauenfrisuren des Barocks?

b) Geben Sie eine kurze Beschreibung.

Frühbarock

a) _____

b) _____

_____

Hochbarock

a) _____

b) _____

_____

_____

⑥ a) Die Körperpflege dieser Zeit ist ein unangenehmes Kapitel. Warum verzichtete man auf die Reinigungswirkung von Wasser und Seife?

_____

_____

b) Was war unter einem "Schönheitspflästerchen" verborgen?

_____

_____

⑦ Betrachten Sie die Kleidung der abgebildeten Personen (Rembrandt und seine Frau / Rubens' Söhne).

a) Beschreiben Sie die Wirkung der Kleidung.

b) Rembrandt und Rubens waren angesehene Künstler. Lassen Sie Ihrer Fantasie freien Lauf und versetzen Sie sich in eine der abgebildeten Personen. Wie mögen sie wohl den Tag verbracht haben? (Verwenden Sie die Informationen aus der Fachkunde.)

_____

_____

_____

_____

_____

12 Stilkunde und Frisurengeschichte

Name: Klasse: Datum:

Rokoko (1720 bis 1789)

① Kreuzen Sie die Aussagen an, die auf die Epoche des Rokokos zutreffen.

- [ ] a) Der Adel bezahlt keine Steuern.
- [ ] b) Die Männer tragen Allongeperücken.
- [ ] c) Die typische Männerfrisur ist die Kolbe.
- [ ] d) Vornehme Bürger sprechen französisch.
- [ ] e) Dampf- und Spinnmaschine werden erfunden.
- [ ] f) Gutenberg erfindet den Buchdruck.
- [ ] g) Ärzte erkennen den Zusammenhang zwischen Schmutz und Seuchen und fordern das tägliche Bad.

② a) Wir haben für Sie den Frühstückstisch gedeckt. Welches Porzellan zeigt typische Rokokoformen und Ornamente? _____

a)

b)

c)

d)   e)

b) Wie heißen die Ornamente?

_____   _____

③ Die Damen am Hof trippelten mit ihren kostbaren Gewändern durch die Spiegelsäle.

a) Welche Stoffe wurden verarbeitet? _____

b) Welche Farben passen am besten zu den verspielten Gewändern?

_____

④ Beschreiben oder zeichnen Sie die typischen Damenfrisuren des Rokokos.

a) Frührokoko _____

_____
_____
_____
_____
_____
_____

b) Hochrokoko _____

_____
_____
_____
_____
_____
_____
_____
_____

c) Spätrokoko _____

_____
_____
_____
_____
_____
_____
_____
_____

⑤ a) Die Herren trugen Zopffrisuren oder weiß gepuderte Beutelperücken. Überlegen Sie, warum der Zopf in einen Stoffbeutel aus Seide gesteckt wurde.

_____

b) Nach welchem berühmten Herrn ist der Zopf mit Samtschleife auch heute noch benannt?

_____

12 Stilkunde und Frisurengeschichte

Name: Klasse: Datum:

Renaissance / Barock / Rokoko

① a) Erklären Sie folgende Begriffe aus den Bereichen Mode und Frisur.
   b) Kreuzen Sie die entsprechende Epoche an.

Begriff	Erklärung	Renais-sance	Barock	Rokoko
Mühlsteinkrause				
Justaucorps				
Schaube				
Garcette				
Spitzenjabot				
Tizianrot				
Fontagne				
à la Lamballe				
Barett				
Allonge				
Kolbe				

② Was gehört zu wem? Schreiben Sie die entsprechenden Buchstaben auf die Zeilen.

Renaissance   Barock   Rokoko
_____   _____   _____

12 Stilkunde und Frisurengeschichte

Name: Klasse: Datum:

Directoire / Empire (1789 bis 1815)

① Warum hätte sich 1789 niemand mit prunkvoller Rokokorobe und Frisur in die Öffentlichkeit getraut?

② Welche dieser Gebäude sind klassizistisch? _____

a)

b)

c)

d)

e)

f)

③ Beschreiben Sie die Damenmode der Revolutionsjahre.
___
___

④ Die Abbildung zeigt eine Dame in der typischen Kleidung des Empire.

a) Beschreiben Sie die Wirkung des Kleides links.
___

b) Woran erinnert das Kleidungsstück?
___

c) Wie wirkt dagegen das rechte "Reisekostüm" der Revolutionsjahre?
___

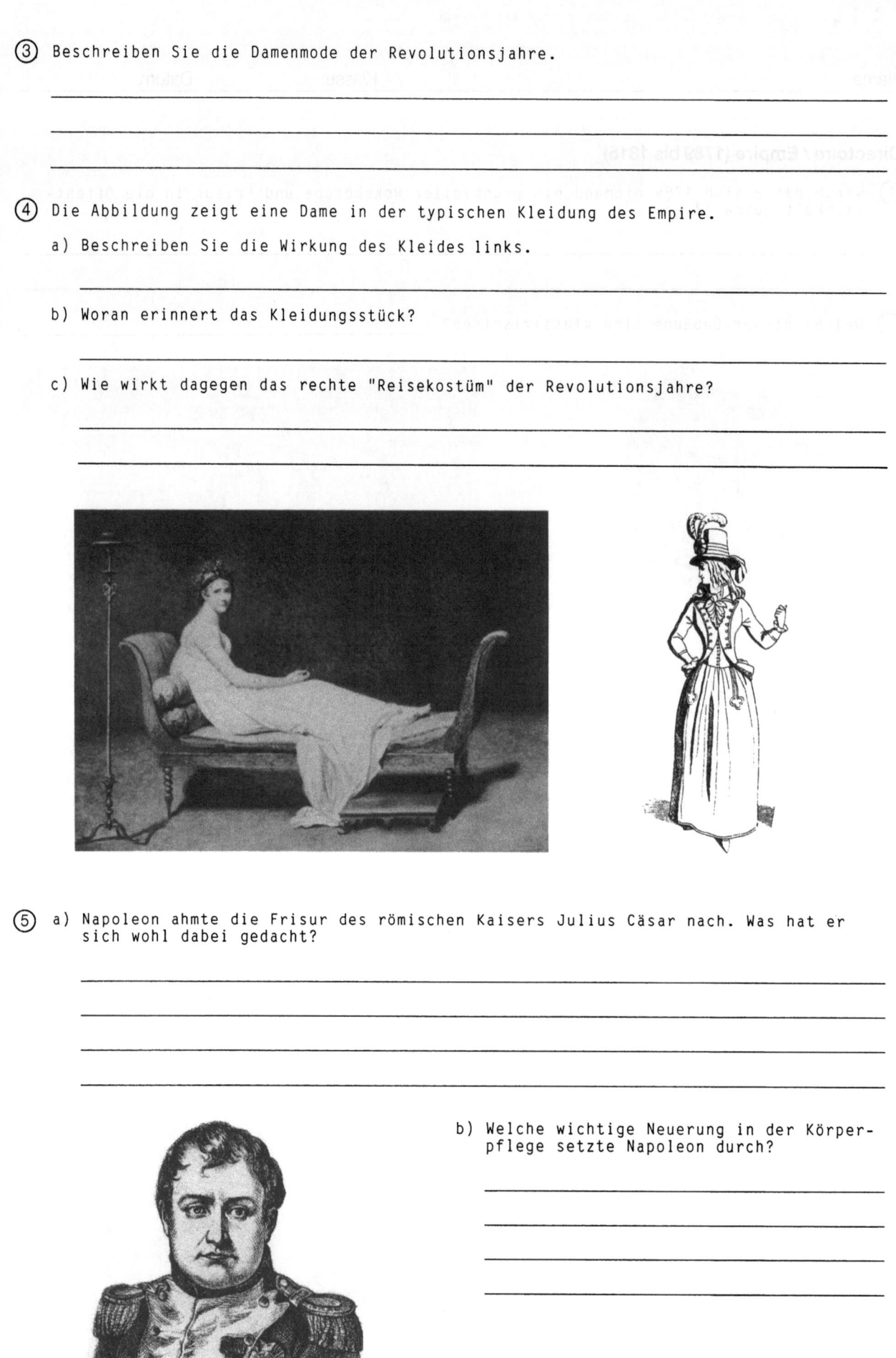

⑤ a) Napoleon ahmte die Frisur des römischen Kaisers Julius Cäsar nach. Was hat er sich wohl dabei gedacht?
___
___
___

b) Welche wichtige Neuerung in der Körperpflege setzte Napoleon durch?
___
___
___

12 Stilkunde und Frisurengeschichte

12.3.5

Name: _____ Klasse: _____ Datum: _____

Biedermeier (1815 bis 1848)

① a) Im Namen dieser Epoche steckt das Wort "bieder". Suchen Sie gleichbedeutende Adjektive (Eigenschaftswörter).
   _____

   b) Schließen Sie vom Namen "Biedermeier" auf den Zeitgeist der Epoche.
   _____
   _____
   _____

② Betrachten Sie die abgebildete Frisur.
   a) Wieviel Teile bilden die typische Biedermeierfrisur? _____
   b) Zeichnen Sie Scheitelformen, die diese Teilung des Haares ermöglichen.

③ Schon im Biedermeier gab es Leute, die mit unseren Punkern vergleichbar sind. Sie trugen zwar keine grünen Haare, setzten sich aber auch durch Frisur und Kleidung vom "Normalbiedermann" ab. An welchen Äußerlichkeiten erkannte man sie?
   _____
   _____

④ Erklären Sie folgende Begriffe zur Kleidung:
   a) Hammelkeule _____
   b) Volant _____
   c) Schutenhut _____
   d) Vatermörder _____
   e) Halsbinde _____

© B.G. Teubner Stuttgart 1992

⑤ a) Betrachten Sie die Bilder. Beschreiben Sie die Wirkung der Kleidung.
___
___
___

b) Welches Frauenbild steckt hinter dieser "Aufmachung"?
___
___
___
___

⑥ Welcher Blumenstrauß wird als Biedermeierstrauß bezeichnet? ___

12 Stilkunde und Frisurengeschichte

Name: Klasse: Datum:

Zweites Empire (1848 bis 1870)

① Betrachten Sie die Seite aus einem Modejournal. Woran erkennt man, daß es sich um Bekleidung aus dem Zweiten Empire handelt?

② a) Unter welchen Problemen mußten die Arbeiter damals leiden?
_____
_____

b) 1848 wird in Deutschland der zwölfstündige Arbeitstag gefordert; 15 Stunden waren Durchschnitt (6-Tage-Woche). Berechnen Sie die wöchentliche Mehrarbeit im Vergleich zu Ihrer Arbeitszeit.
_____

③ Das "Zweite Empire" wird von verschiedenen Strömungen geprägt; zum einen durch die fortschreitende Industrialisierung und Technisierung, zum anderen durch das Wiederaufleben früherer Epochen.

a) Zu welchen Epochen kehrte man zurück? _____

b) Stellen Sie sich vor, Sie müßten sich dieser Mode entsprechend anziehen. Welche zwei Kleidungsstücke müßten Sie sich zuerst kaufen?
_____

④ a) Was ist ein Chignon? _____

b) Die damaligen Herren waren Pomadenheinis. Welche Produkte haben die Pomade heute abgelöst?
_____

⑤ Bei der Kutschfahrt im Park schützte sich die vornehme Dame mit einem reizenden Sonnenschirmchen, um ihre vornehme Blässe zu erhalten.

a) Welche Personen hatten gebräunte Haut? Kreuzen Sie an.

☐ Landarbeiter ☐ Bäcker

☐ Seeleute ☐ Weißnäherin

☐ Fleischer ☐ Hutmacherin

☐ Köchin ☐ Magd

b) Warum war braune Haut verpönt?
_____
_____
_____

c) Welche Vorstellungen verbinden Sie heute mit gebräunter Haut?
_____

d) Warum wünschen sich Hautärzte die vornehme Blässe wieder zurück?
_____
_____

⑥ Beschreiben Sie die Kleidung der Herren.
_____
_____
_____
_____
_____

12 Stilkunde und Frisurengeschichte

Name: Klasse: Datum:

Gründerjahre (1870 bis 1910)

① Begründen Sie den Namen der Epoche.

② Erklären Sie den Begriff "Historismus".

③ Welche Neuerungen in der Damen- und Herrenbekleidung zeigen den Stil der "neuen technischen Sachlichkeit"?

Damen:

Herren:

④ a) Welche Erfindung beeinflußte die Frisurenmode um 1900?

b) Wie wurde das Haar frisiert?

⑤ a) Nennen und zeichnen Sie die beliebteste Bartform dieser Zeit.

b) Welche Mittel und Geräte waren zur Bartpflege erforderlich?

⑥ 1868 betrug die Zahl der Kurgäste im Seebad Westerland/Sylt 1099. 1905 waren es bereits 22150 Besucher.

a) Wieviel Prozent etwa beträgt die Steigerung der Gästezahl?

b) Worauf war die Badelust der Leute zurückzuführen?

⑦ Eine freundliche ältere Dame hat uns die Lieblingszeitschrift ihrer Mutter aufgehoben. Vergleichen Sie die Mode von 1876 mit der des Zweiten Empire. Wie wirkt der Trend?

---

88   Der Bazar.   [Nr. 11. 13. März 1876. 22. Jahrgang.]

hat, ruht auf einem runden Boden, welcher mit gestricktem Moos überdeckt ist. Für den Boden schneidet man aus Carton einen runden Theil von 14 Cent. im Durchmesser und bekleidet denselben auf beiden Seiten mit schwarzem Kattun. Zur Herstellung des Rostkissens schneidet man aus Shirting nach Fig. 72 des heutigen Supplements je 8 Theile, verbindet sie den Zeichen gemäß und füllt diese Hülle vor Vollendung der letzten Naht mit Eisenfeilspähnen. Alsdann überspannt man diese Birnenform jeder Naht entlang mit starkem, straff angezogenem Zwirn, befestigt letzteren an seinen Kreuzungspunkten und führt über die einzelnen Lagen desselben die Bekleidung des Rostkissens mit mattgrüner Zephyrwolle in folgender Weise aus: Man beginnt an einem Kreuzungspunkt der Zwirnlagen, an welchem auch der Wollfaden zu befestigen ist und arbeitet stets in die Runde, indem man den Wollfaden je unter der zunächst befindlichen Zwirnlage hindurchschlingt und den ersteren anziehend, die Arbeit fortsetzt (siehe Abb. Nr. 14). Bevor man die Form mit Wolle überdeckt hat, leitet man durch den spitzen Theil für den Stiel einen Draht, welchen man mit brauner Wolle umwickelt und mit Blättern von grüner Wolle ausstattet. Zur Ausführung eines Blattes macht man mit grüner Zephyrwolle einen Anschlag von 15 Maschen und häkelt darauf zurückgehend über eine Einlage von feinem Draht 1 f. M. (feste Masche), 13 St. (Stäbchenmaschen), 1 f. M., dann für die Spitze 1 Luftm. (Luftmasche) und auf den Anschlagmaschen zurückgehend 1 f. M., 13 St., 1 f. M., außerdem für den Stiel des Blattes über die beiden Enden des Drahts 3 f. M. Für das größere Blatt hat man einen entsprechend längeren Maschenanschlag zu arbeiten und demgemäß die Maschenanzahl einzurichten. Das Moos wird mit grüner Zephyrwolle in mehreren Nüancen in Strickarbeit ausgeführt. Man macht hierzu auf mittelstarken Stahlnadeln einen Anschlag von 10 M. und strickt darauf hin- und zurückgehend ganz rechts einen erforderlich langen Streifen, worauf man ihn abmascht. Alsdann feuchtet man die Arbeit über Dämpfen an und läßt sie trocknen. Man schneidet hierauf längs eines Querrandes der Arbeit die Maschen auf und trennt sie bis auf 2 M. des gegenüberliegenden Querrandes auf; letztere bilden gleichsam den Kopf dieser moosartigen Franze, welche man dem Boden nach Abb. derartig aufnäht, daß die nächstfolgende Lage stets den Ansatz der vorhergehenden decken muß. Die eingefügten Blumen sind aus weißer und lila Wolle gefertigt; den inneren Theil derselben stellt man aus gelber Wolle her, indem man einen Faden Wolle etwa 20mal um einen Stab von 2 Cent. Umfang wickelt, durch diese Schlinge geglühten Draht leitet und die Enden desselben zusammendreht. Hierauf umwickelt man den Büschel Wolle in seiner Mitte mehrfach mit Zwirn, schneidet die Schlingen auf und beschneidet die Wollenfäden gleichmäßig. Für jede der Blumen hat man um denselben Stab 24 Schlingen zu legen; jede Schlinge wird mit feinem Draht, welcher zu Hälften zusammengelegt zwei Enden ergibt, befestigt, so daß sich die Enden kreuzen. Nachdem man die Schlingen zur Rundung geschlossen, setzt man sie dem mittleren Theil der Blume mit einigen Stichen auf der Rückseite gegen. Die vollendeten Blumen sowie das Rostkissen werden nach Abb. in dem moosartigen Boden arrangirt.

[34,154a, 226b]

Nr. 15. Spitze zur Garnitur von Wäsche-Gegenständen.
Gewebtes Bortchen und Häkelarbeit.

Diese Spitze ist mit einem in der Weise der Abb. gewebten Bortchen, an dessen einer Seite einzelne Oesen stehen, während an der anderen Seite dreifache Oesen sind, und mit drellirtem Häkelgarn Nr. 80 folgender Art gearbeitet. 1. Tour: An der Seite des Bortchens, an welcher die einzelnen Oesen stehen, * 5 f. M. (feste Maschen) in die nächsten 5 Oesen, 5 Luftm. (Luftmaschen), der 1. der zuvor gearbeiteten 5 f. M. ang. (angeschlungen, man läßt dazu die M. von der Nadel, sticht dieselbe in die betreffende M. hinein und zieht die abgelassene M. hindurch), 1 f. M., 1 h. St. (halbe Stäbchenmaschen), 5 St. (Stäbchenmaschen), 1 h. St., 1 f. M. um die zuvor gearbeiteten 5 Luftm., 1 f. K. (feste Kettenmasche) in die letzte der zuvor gearbeiteten 5 f. M., 6 Luftm., 1 f. M. in die nächste Oese, die Arbeit auf die Rückseite gewendet, 4 Luftm., mit 1 f. M. die mittleren Oesen der dreifachen Oesen an der andern Seite des Bortchens und zwar oberhalb der Oese, in welche die letzte f. M. gehäkelt wurde, sowie der zu beiden Seiten derselben befindlichen dreifachen Oesen zusammengefaßt (siehe den Tiefeneinschnitt des Bogen), 4 Luftm., die Arbeit auf die rechte Seite gewendet, der letzten f. M., welche in die einzelne Oese gearbeitet

Nr. 20. Kleid für Kinder von 3—5 Jahren. Rückansicht. (Hierzu Nr. 21.) Schnitt und Beschr.: Vorders. d. Suppl., Nr. V, Fig. 24—30.

Nr. 21. Kleid für Kinder von 3—5 Jahren. Vorderansicht. (Zu Nr. 20.) Schnitt und Beschr.: Vorders. d. Suppl., Nr. V, Fig. 24—30.

Nr. 22. Mantelet aus Kaschmir. Vorderansicht. (Hierzu Nr. 23.) Schnitt und Beschr.: Rücks. d. Suppl., Nr. VII, Fig. 36—41.

Nr. 23. Mantelet aus Kaschmir. Rückansicht. (Zu Nr. 22.) Schnitt und Beschr.: Rücks. d. Suppl., Nr. VII, Fig. 36—41.

Nr. 24. Dolman aus Kaschmir. Schnitt und Beschr.: Vorders. d. Suppl., Nr. III, Fig. 15—18.

Nr. 25. Paletot aus Siciliennestoff. Rückansicht. (Hierzu Nr. 26.) Schnitt und Beschr.: Rücks. d. Suppl., Nr. IX, Fig. 47—53.

Nr. 27. Paletot aus Tricotstoff. Vorderansicht. (Hierzu Nr. 28.) Schnitt und Beschr.: Vorders. d. Suppl., Nr. II, Fig. 8—14.

Nr. 28. Paletot aus Tricotstoff. Rückansicht. (Zu Nr. 27.) Schnitt und Beschr.: Vorders. d. Suppl., Nr. II, Fig. 8—14.

Nr. 26. Paletot aus Siciliennestoff. Vorderansicht. (Zu Nr. 25.) Schnitt und Beschr.: Rücks. d. Suppl., Nr. IX, Fig. 47—53.

wurde, ang. 6 Luftm. vom * wiederholt. 2. Tour: Stets abwechselnd 1 f. M. um die oberen Glieder der mittleren der nächsten 5 St. der vorigen Tour, 7 Luftm., 1 f. M. in die nächste je zwischen 6 Luftm. befindliche f. M., 7 Luftm. 3. Tour: Stets abwechselnd 1 St. in die zweitfolgende M. 1 Luftm.

Nr. 17 und 41. Fenster- oder Schlafdecke mit Stickerei.
Dessin: Rücks. d. Suppl., Nr. XV, Fig. 71.

Der Fond der Decke aus hellgrauem Flanell

12 Stilkunde und Frisurengeschichte

12.3.8

Name: _____ Klasse: _____ Datum: _____

20. Jahrhundert, Jugendstil

① Zwei Grundelemente bestimmen die Form des Jugendstils. Auf welche Vorbilder gehen sie zurück?

   a) schwingende, weiche Linien _____

   b) sachlich, geradlinige Ornamente _____

② Bei einem Stadtbummel haben wir Gebäudeverzierungen entdeckt.

   Welche sind aus dem Jugendstil? _____

   Aus welchen Epochen stammen die anderen? _____

a)   b)   c)   d)   e)

③ Wodurch unterscheiden sich die Ziele der Künstler und Kunsthandwerker der Bauhaus-Bewegung von denen des Jugendstils?

_____

_____

_____

④ Für wen war die Kunst? Künstlerische und kulturelle Leistungen brachte jede Epoche hervor. Sie sollten sich jedoch mal überlegen, für wen die Künstler ihre Werke schufen.

   a) Mittelalter _____

   b) Barock/Rokoko _____

   c) Gründerjahre/Jugendstil _____

© B.G. Teubner Stuttgart 1992

⑤ Notieren Sie Voraussetzungen für die Ziele "Kunst für das tägliche Leben" und "Kunst für jedermann".
___
___

⑥ Welche Einflüsse hat die Berufstätigkeit von Frauen auf die Mode?
___
___

⑦ Der Bubikopf war die typische Frisur der 20iger Jahre. Wie wird die Frisur heute genannt? ___

⑧ Warum war die von Karl Nessler erfundene Dauerwelle mit Spiralwicklung für Kurzhaarfrisuren ungeeignet?
___
___

⑨ Woran können Sie erkennen, daß es sich um Jugendstil handelt?
___
___
___
___
___
___

Peter Behrens: Der Kuss

⑩ Der Jugendstil hatte natürlich auch seine eigene Schrift! Gestalten Sie sich mit Hilfe der abgebildeten Buchstaben ein Namensschild.

ABCDEFGHIJKLMNOPQRSTUVWXYZ

abcdefghijklmnopqrsstuvwxyz

12 Stilkunde und Frisurengeschichte

12.3.8

Name: Klasse: Datum:

Allgemeine epochenübergreifende Aufgaben

① a) Ordnen Sie folgende Arbeitsgeräte des Friseurs nach der zeitlichen Reihenfolge ihrer Erfindung und ergänzen Sie die Epoche.

Welleneisen / Calamistrum / Rasiermesser / Heißwellapparat / Papillotiereisen / Onduliereisen

b) Geben Sie bei haarformenden Arbeitsgeräten ein Frisurenbeispiel (Zeichnung oder Kopie).

Epoche	Arbeitsgerät	Beispiele	Epoche	Arbeitsgerät	Beispiele

② Ergänzen Sie die Übersicht zur Berufsgeschichte des Friseurs.

	Epochen	Wer war für die Haar- und Körperpflege zuständig?	Welche Kenntnisse und Fertigkeiten wurden verlangt?
Altertum	Ägypter		
Antike	Griechen		

© B.G. Teubner Stuttgart 1992

② Fortsetzung

Antike	Römer		
	Germanen		
Mittelalter	Romanik		
	Gotik		
Neuzeit	Renaissance		
	Barock		
	Rokoko		
	Direktoire/Empire		
	Biedermeier		
	Zweites Empire/Gründerjahre		
	20. Jahrhundert		

12 Stilkunde und Frisurengeschichte

12.3.8

Name: Klasse: Datum:

③ **Wer paßt zu wem?**

Hier entsteht ein Merkblatt zur Mode von den Ägyptern bis ins 20. Jahrhundert.

a) Spielen Sie Schicksal und "verkuppeln" Sie passende Paare (Ausschneiden und Einkleben!). Vorsicht: zwei Singles haben sich eingeschlichen!

b) Geben Sie die jeweiligen Epochen an und notieren Sie wichtige Merkmale der Kleidung.

	Epoche/Zeit	Begriffe/Merkmale

© B.G. Teubner Stuttgart 1992

③ Fortsetzung

	Epoche	Begriffe/Merkmale
	Epoche	Begriffe/Merkmale

Ausschneidebogen zu Seite 35/36

Ausschneidebogen zu Seite 39

   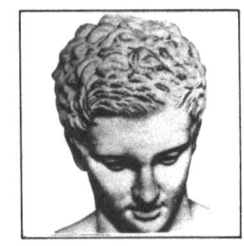 

© B. G. Teubner Stuttgart 1992

12 Stilkunde und Frisurengeschichte   12.3.8

Name: Klasse: Datum:

④ Suchen Sie auf dem Ausschneidebogen auf S. 37 die jeweils in die Epoche passende Frisur.

Epoche	Frisur	Epoche	Frisur
Ägypter		Barock	
Zweistromland		Rokoko	
Griechen		Directoire und Empire	
Römer		Biedermeier	
Germanen		Zweites Empire	
Romanik		Gründerjahre	
Gotik		20. Jahrhundert	
Renaissance			

© B.G. Teubner Stuttgart 1992

⑤ Wer wohnte wann wo? Sehen Sie sich den Ausschneidebogen Seite 41 genau an und ordnen Sie das Material ein.

Epoche	Personen	Möbel	Gebäude
Renaissance 1500-1600			
Barock 1600-1720			
Rokoko 1720-1789			
Directoire/ Empire 1789-1815			
Biedermeier 1815-1848			
Epoche	Personen	Möbel	Gebäude

Ausschneidebogen zu Seite 40

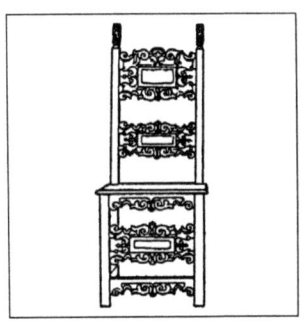

12 Stilkunde und Frisurengeschichte

12.3.8

Name: Klasse: Datum:

⑥ Eines Tages hörte ich im Radio folgenden "Witz". Ein Jugendlicher wurde nach drei berühmten Persönlichkeiten mit B gefragt. Er antwortete: "Breitner, Beckenbauer, Burgsmüller!" Der Sprecher war etwas verdutzt und meinte, er habe vielmehr an Bach, Beethoven und Brahms gedacht. Prompt kam die Antwort: "Ersatzspieler kenne ich nicht!"

Beschäftigen wir uns mit den Berühmtheiten der Epochen, so entsteht folgende Liste, die sich natürlich noch erweitern läßt.

a) Wodurch wurden die Personen berühmt? Was waren sie?

b) Welcher Epoche gehören sie an?

    Auf der Umschlagseite 3 haben wir einige der berühmten Persönlichkeiten abgebildet, damit Ihnen das Einordnen leichter fällt.

Person	a) Was waren sie?	b) Epoche
Johannes Gutenberg		
Martin Luther		
Albrecht Dürer		
Ludwig XIV.		
Rembrandt		
Johann Sebastian Bach		
William Shakespeare		
Gotthold Ephraim Lessing		
Friedrich der Große		
Wolfgang Amadeus Mozart		
Johann Wolfgang Goethe		
Friedrich Schiller		
Ludwig van Beethoven		
Napoleon Bonaparte		

Person	a) Was waren sie?	b) Epoche
Carl Spitzweg		
Franz Schubert		
Gebrüder Grimm		
Karl Marx		
Theodor Storm		
Kaiserin Elisabeth (Sissi)		
Fürst Bismarck		
Gustave Eiffel		
Vincent van Gogh		
Richard Wagner		
Wilhelm Röntgen		
Robert Koch		
Walter Gropius		
Peter Behrens		
Bertold Brecht		

c) Wenn Sie Lust haben, sollten Sie die Liste erweitern. Vielleicht treffen Sie auf ein paar berühmte Frauen!

Martin Luther

Albrecht Dürer

Ludwig XIV.

Friedrich der Große

Friedrich Schiller

Napoleon Bonaparte

Gebrüder Grimm

Kaiserin Elisabeth (Sissi)

Fürst Bismarck

If you have any concerns about our products,
you can contact us on
ProductSafety@springernature.com

In case Publisher is established outside the EU,
the EU authorized representative is:
**Springer Nature Customer Service Center GmbH
Europaplatz 3, 69115 Heidelberg, Germany**

Printed by Libri Plureos GmbH
in Hamburg, Germany